Palmhuggorm

Trimeresurus albolabris

Förord

Denna bok är sprungen ur mitt genuina intresse för ormar och min nyfikenhet på religion och historia.

Stort tack till alla som hjälpt mig att få boken från idé till färdig produkt.

Tack alla för att jag fick använda era bilder! Även tack till er som laddat upp bilder, fria att använda, på nätet! Samtliga fotografer är omnämnda under respektive bild.

Tack Lina, Joachim och Claes för korrekturläsning!

Utan en förstående familj hade denna lilla bok säkerligen inte kommit till, tack Jenny, Ludwig och Jacob! Jag lägger alldeles för stor tid på herpetologin, men ni låter mig.

Till sist, ett stort tack till dig som väljer att läsa min bok! Jag hoppas att du finner ämnet lika intressant som jag gör!

/Rickard

Rickard Ljunggren

Palmhuggorm

Trimeresurus albolabris

Impressum

Fotografi: Omslagsfoto Jonathan Hagström (bilder beskurna), fotograf övriga bilder omnämnda under respektive bild.

Korrekturläsning: Lina Malm, Joachim Ljungström, Claes Granfeldt

Förlag: BoD – Books on Demand, Stockholm, Sverige
Tryck: BoD – Books on Demand, Norderstedt, Tyskland

ISBN: 978-91-8057-396-2

Innehållsförteckning

1. Inledning

Palmhuggormen, *Trimeresurus albolabris,* är för mig en ikonisk orm. Jag har några exemplar av arten hemma i källaren och det är en väldigt trevlig orm att hålla i terrarium. Jag har även haft förmånen att få ha albolabris på ormkroken när jag varit i Thailand där arten är rätt vanlig i vilt tillstånd och inte helt omöjlig att hitta.
Det är helt enkelt "originalversionen" av en palmhuggorm och ofta den första art jag kommer att tänka på om någon pratar palmhuggormar. För många i terrariehobbyn är det också den första giftormen man skaffar. De är små och behändiga, lätta att få tag på och överkomliga i pris. Eftersom de är rätt vanliga i hobbyn finns det även hjälp och kunskap att hämta från andra, särskilt om man väljer att gå med i en förening där det ofta kan finnas medlemmar som delar ens specifika intresse för arten och kanske även har flerårig erfarenhet. Det är säkert även den art som Asienresenären tänker på om de pratar om palmhuggormar.
Tyvärr är det ju alltid lite förvirrande med så kallade populärnamn. *Albolabris,* som jag gärna benämner dessa i vardagligt tal, kallar vi ofta för just palmhuggorm på svenska. Palmhuggorm är dock ett släkte av ormar som tillhör familjen huggormar. Samma fenomen har vi med vår inhemska huggorm, *Vipera berus.* Vi kallar den för huggorm, men ordet huggorm används även som det svenska namnet på familjen *Viperidae.* Vi hittar även det hos vår snok, som heter snok för att den ingår i familjen snokar. Vi är helt enkelt rätt dåliga i Sverige på att sätta unika namn på olika arter av ormar.

Släktet *Trimeresurus* innehåller troligtvis någonstans mellan 35 och 50 kända arter som alla finns i Asien, från Pakistan, Indien, Japan och Kina till länderna i Sydostasien, samt på en del ögrupper i Stilla havet. Snokar man (pun intended) på Wikipedia så anges antalet till 35 om man läser på den svenska versionen, 44 om man istället väljer den engelska, fransmännen hittar 50 arter och likaså spanjorerna, medan man i Kina har nöjt sig med 43 arter. Detta var i alla fall siffror som angavs i november 2022 när jag skriver inledningen på denna lilla bok. Antalet arter beror på vem du frågar och antalet är i ständig förändring känns det som. Vissa arter delas upp och blir flera arter, somliga arter flyttas till andra släkten och åter vissa arter flyttas tillbaka till släktet *Trimeresurus* och så där håller det på. Med detta sagt så lämnar jag taxonomin åt andra som har bättre förstånd än mig.

Det finns tillgång till många vackra palmhuggormar i hobbyn varav flera arter som tidigare var väldigt svåra att få tag på och svåra att få råd med numera både är tillgängliga och hyfsat överkomliga i pris.
I ärlighetens namn så finns det en och annan art av palmhuggorm som enligt mig är snyggare än albolabris, men en lagom samling asiatiska huggormar bör innehålla minst en albolabris eller två. En favorit hos mig är *Trimeresurus macrops* (har bytt släkte men är nog tillbaka igen) då jag alltid har gillat ormar med stora ögon. Artens engelska populärnamn är large-eyed pitviper, vilket beskriver denna orm rätt väl. Jag har även förmånen att ha *Trimeresurus venustus* och *Trimeresurus insularis* som båda är fantastiskt snygga arter. Nog om dessa och nog om mig eftersom denna tunna bok ska handla om *Trimeresurus albolabris*, palmhuggormarnas palmhuggorm.

2. Systematik

Domän	Eukaryoter
	Eukaryota
Rike	Djur
	Animalia
Stam	Ryggsträngsdjur
	Chordata
Understam	Ryggradsdjur
	Vertebrata
Klass	Kräldjur
	Reptilia
Ordning	Fjällbärande kräldjur
	Squamata
Familj	Huggormar
	Viperidae
Släkte	Trimeresurus
Art	Trimeresurus albolabris

Foto: Rickard Ljunggren. 1.1 *Trimeresurus albolabris*. Honan är den större av de två, hanen har sin vita rand längs kroppen.

Synonym
Trimesurus albolabris GRAY 1842: 48 (omotiverad ändring)
Trimesurus albolabris — GRAY 1849
Lachesis gramineus albolabris — MELL 1922
Trimeresurus albolabris — POPE & POPE 1933
Trimeresurus albolabris albolabris — KRAMER 1977
Coluber gramineus — RAFFLES 1822 (nec Coluber gramineus SHAW 1802) (partim)
Trigonocephalus viridis — MÜLLER & SCHLEGEL 1842 (nec Vipera viridis DAUDIN 1803) (partim)
Trigonocephalus gramineus — CANTOR 1847 (nec Coluber gramineus SHAW 1802)
Trimeresurus gramineus — BOULENGER 1890 (nec Coluber gramineus SHAW 1802)
Lachesis gramineus — BOULENGER 1896 (nec Coluber gramineus SHAW 1802)
Lachesis grammineus (sic) — BRONGERSMA 1929
Bothrops erythrurus — LIDTH DE JEUDE 1890 (nec Trigonocephalus erythrurus CANTOR 1839)
Trimeresurus purpureomaculatus var. bicolor) — BOULENGER 1890 (nec Trimeresurus bicolor GRAY 1853, a synonym of Trigonocephalus erythrurus CANTOR 1839
Trimeresurus gramineus albolabris — MELL 1929
Trimeresurus albolabris — POPE & POPE 1933
Trimeresurus albolabris albolabris — WELCH 1994: 113
Trimeresurus albolabris — MANTHEY & GROSSMANN 1997: 407
Trimeresurus albolabris albolabris — COX et al. 1998: 20
Trimeresurus albolabris — MCDIARMID, CAMPBELL & TOURÉ 1999: 329
Cryptelytrops albolabris — MALHOTRA & THORPE 2004
Trimeresurus (Trimeresurus) albolabris — DAVID et al. 2011
Trimeresurus albolabris — WALLACH et al. 2014: 740
Cryptelytrops albolabris — CHAN-ARD et al. 2015: 284
Trimeresurus albolabris — WANG et al. 2022

Kärt barn har många namn.
Vi får se var vi hamnar i framtiden.

Vetenskapligt namn

Trimeresurus albolabris
Auktor Gray, 1842

Trimeresurus är latin och syftar på den "tredelade svansen", förmodligen uppkallad efter svansens tredelade mönster med en röd linje och gröna sidor. Den röda svansen kan du se på sidan 35 och 47. *Albo labris* är också latin och betyder "vita läppar", namnet hänvisar till hanarnas vita linje längs kroppen som går hela fram i ansiktet och skapar en ljusare överläpp. Honorna saknar denna linje och således även den vita läppen, se bild på sidan 11.
Auktorsnamn är inom den biologiska systematiken namnet på den person eller den grupp av personer som först använde sig av ett visst vetenskapligt namn för ett visst taxon, exempelvis en art eller annan biologisk enhet. Detta skall dessutom vara gjort utifrån särskilda kriterier och ha publicerats i skrift. Auktor går tillbaka till latinets *auctor* som bland annat betyder "upphovsman" och "författare".

För vår albolabris är auktorn John Edward Gray (12 februari 1800 – 7 mars 1875) som var en brittisk zoolog. Han var äldre bror till zoologen George Robert Gray och son till farmakologen och botanikern Samuel Frederick Gray. Gray föddes i Walsall som på ett ungefär ligger mellan Birmingham och Wolverhampton.

Foto: Wikimedia commons, fotograf okänd. Motivet är en gravyr gjord av Thomas Herbert Maguire år 1851 och föreställande J E Gray.

Under uppväxten flyttade Grays familj till London, där han kom att studera medicin. Han började sin zoologiska karriär genom att frivilligt samla insekter för British Museum vid 15 års ålder.

Efter att ha blivit "svartbollad" (bortröstad) av Linnean Society of London (Linnésällskapet i London) flyttade Gray sitt intresse från botanik till zoologi. Ballotering (franska *ballotte*, liten boll, liten kula) är ett röstningsförfarande med kulor och används vid slutna omröstningar. Traditionellt sett används svarta och vita kulor, där vit indikerar en ja-röst och svart en nej-röst. I flera ordenssällskap, gillen med mera kallas en ballotering som resulterar i enbart vita kulor, det vill säga ett hundraprocentigt positivt utfall, för "lysande". Kanske inte lysande av mig att ha med denna extremt ovidkommande fakta i en bok om palmhuggormar men nu har du i alla fall lärt dig något nytt av att läsa min bok om asiatiska huggormar.

Gray gick officiellt med i Zoological Department 1824 för att hjälpa John George Children att katalogisera reptilsamlingen. 1826 gifte han sig med Maria Emma Smith som hjälpte honom med hans vetenskapliga arbete och då särskilt med teckningar.

År 1840 tog han över positionen som djurhållare av zoologi vid British Museum i London. Posten kom han att inneha i nästan 35 år. Han publicerade flera kataloger över museets samlingar. Dessa kataloger innehöll omfattande diskussioner om djurgrupper och beskrivningar av nya arter och han förbättrade de zoologiska samlingarna så att de kom att tillhöra de bästa i världen. Under sina 50 år som anställd på British Museum skrev Gray nästan 500 artiklar, inklusive många beskrivningar av arter som var nya för vetenskapen. Dessa hade presenterats för museet av samlare från hela världen och omfattade alla grenar av zoologi.

Han beskrev mer än 300 arter och underarter av reptiler, vilket gör honom överträffad endast av hans efterträdare på British Museum, George A. Boulenger och Albert Günther samt den amerikanske zoologen Edward D. Cope.

John Edward Gray ligger begravd i St Mary's Church, Lewisham.

Släkten som namngivits till hans ära inkluderar bland annat:
Ormsläktet *Grayia* med fyra kända arter.

Arter och underarter som givits namn efter honom inkluderar bland annat:
Geckon *Naultinus grayii.*
Skinken *Ablepharus grayanus.*
Skinken *Tropidophorus grayi.*
Sköldpaddan *Trachemys venusta grayi.*
Ödlan *Delma grayii.*
Ödlan *Microlophus grayii.*

I denna text har jag enbart tagit med exempel på arter och släkten från reptilernas värld. Det är heller inte omöjligt att jag missat några arter från herpetologins värld så vi får för säkerhets skull se listan som exempel på arter som är döpta till hans ära och inte som en komplett lista av arter med hans efternamn i artnamnet.

3. Palmhuggormar som vapen?

"Några veteraner där ute som stötte på ormar under militärtjänsten?"
Så började en tråd på Facebook i en grupp vars ämne är Vietnamkriget som pågick från 1955 till 1975. Tråden hittade jag något år innan denna bok påbörjades år 2022 och där någonstans väcktes idén om en bok om palmhuggormen.

Foto: Pixabay. Amerikansk helikopter evakuerar soldater.

De som läste tråden fick en spännande inblick i hur det kunde vara för en amerikansk soldat på bortaplan i Sydostasiens djungler. Inlägget om ormar under kriget innehöll även en bild på några soldater som höll upp en rejäl orm som uppenbarligen var död. En krigsveteran som svarade i tråden identifierade ormen som en burmesisk pyton. I sann storfiskaranda påstods ormen vara sex meter lång.

Det är ett välkänt faktum att den nordvietnamesiska gerillarörelsen (FNL), även känd under namnet "Viet Cong", använde olika typer av fällor som en del av krigsföringen mot amerikanska soldater under Vietnamkriget.

Dock är användningen av ormar i dessa fällor ett kontroversiellt ämne. Det finns rapporter som tyder på att Viet Cong använde palmhuggormar i sina fällor, men det finns också teorier om att palmhuggormar i fällorna enbart har sitt ursprung i propaganda för att skrämma amerikanska soldater.

Även om det finns några berättelser om soldater som stötte på ormar i fällor under kriget är det oklart hur ofta detta verkligen inträffade. Dessutom är det svårt att avgöra om Viet Cong medvetet placerat ormar i fällorna eller om ormarna helt enkelt var en naturlig företeelse i den täta djungelmiljön där kriget utkämpades. Sammanfattningsvis finns det några rapporter som tyder på att Viet Cong kan ha använt ormar i sina fällor under Vietnamkriget, men det är oklart hur utbredd denna praxis var eller hur effektiv den var som militär taktik.

Anledningen till att Viet Cong använde fällor var för att bromsa de amerikanska soldaternas frammarsch i den täta djungelterrängen. Dessa fällor var ofta mycket enkla och gjorda av lättillgängliga material, exempelvis vässade bambupålar eller glasflaskor, som Viet Cong grävde ner i marken eller hängde från trädgrenar. När de utlöstes skulle de spetsa de amerikanska soldaterna och orsaka allvarliga skador eller till och med dödsfall. Viet Cong använde sig även av snubbeltråd som utlöste en granat eller något annat sprängämne och det hände att man minerade lik av amerikanska soldater. USA hade ett ekonomiskt övertag över Vietnam så för Viet Cong var detta en kostnadseffektiv krigsföring. Rädslan för fällor var rätt vanlig bland amerikanska soldater och innebar att man tog sig fram med mera försiktighet än man hade gjort utan risken för att trampa fel någonstans.

Vilka var då de omtalade fällorna som kan falla inom ramen för denna bok? Rykten gick om att Viet Cong ibland hängde upp palmhuggormar i sina tunnlar i djungeln och historier vandrade om tunnlar med riggade fällor. När fällorna utlöstes släpptes en palmhuggorm ner från taket som landade på ryggen eller huvudet på den amerikanska soldat som råkat utlösa fällan. I vissa tunnlar skulle det finnas upphängda palmhuggormar i ansiktshöjd som man riskerade att inte se där nere i mörkret. Flera i tråden jag läste berättar om dessa fällor och upphängda palmhuggormar, men ingen berättar om egna upplevelser. Frågan är om det finns faktiska händelser eller om det är en skröna som fått ett evigt liv?

" I worked with a guy who was a tunnel rat in Vietnam. He told me about snakes being tied to the walls of a tunnel, but usually the snakes died before the troops ever got there."

"I am a Vietnam vet and the 2-step snakes were by far the most scary to me. I think that is because of my innate fear of snakes was already present when I went in-country. Although, the bullet trap is second."

"Yes, this is exactly what it sounds like. Viet Cong guerrillas would often carried Bamboo Pit Vipers in their packs to (hopefully) kill anyone who searches through them. They would also tie the deadly snakes to bamboo and hide them throughout their tunnel complexes. When the Bamboo was released, so was the snake – right onto the enemy. "

" Charlie used to tie them by the tail, put them on a shelf above the doorway openings in tunnels. First thing that moved under that opening got hit! In the head! Never get me to be a tunnel rat."

Fyra röster som berättar, men som inte berättar om egna upplevelser.

Historier om giftormsfyllda fällor att falla ner i förekom också men det finns inga bekräftade uppgifter om att någon byggde en enda ormgrop under kriget. Den nordvietnamesiska gerillan hade antagligen vettigare sakar än så att lägga tid på. Tidsåtgången och arbetsinsatsen som skulle gå åt för att eventuellt få ett par soldater att bli ormbitna gör att idén faller på sin egen orimlighet. Men myten om ormgropar i djungeln har säkert varit ett hinder för några amerikanska soldater.

Facebookgruppen har över 30 000 medlemmar, varav många var amerikanska veteraner från kriget i Sydostasien. Få trådar i gruppen verkade engagera lika många som inlägget om just palmhuggormar i fällor. På tre dagar passerade inlägget 200 kommentarer och många av kommentarerna handlade om de små ljusgröna ormarna som de flesta kallade för "two stepper," eller "two step".

Veteranerna frammålade palmhuggormen, som allmänt kallades "bamboo pit viper" som en väldigt farlig och giftig orm. Historien som gick bland trupper i Vietnam var att om palmhuggormen bet dig så hann du bara ta två steg innan du var död. Därav fick palmhuggormen benämningen "two stepper" eller varianter på detta namn. Visst kan ett bett av palmhuggorm vara dödligt även om det tillhör ovanligheterna, men i ormarnas värld går det aldrig så här snabbt att dö. Totalt finns det ungefär 200 olika ormarter i Vietnam och ungefär en fjärdedel av dessa är mer eller mindre giftiga.
I landets fauna finns det flera andra giftormar som får räknas som avsevärt mycket giftigare än palmhuggormen, men det var palmhuggormen som blev den mest beryktade. Kanske för att den var svårare att upptäcka i grönskan och därav fler soldater som råkade komma för nära? Kraiterna, som ju är extremt giftiga, kallades för "three step", vilket då borde innebära att man ansåg dessa vara närapå lika giftiga som palmhuggormarna.

Foto: Pixabay. Amerikanska soldater i fält, någonstans i Vietnam.

USA:s arkiv och andra källor tyder på att mellan 25 och 50 amerikanska soldater per år blev bitna av ormar under kriget i Vietnam. Totalt stred drygt 8,7 miljoner amerikanska soldater i Vietnamkriget. Det var alltså med andra ord inte så vanligt förekommande med ormbett under kriget.

Hur många som dog av ormbett finns det inga siffror på. Drygt 900 soldater dog av sjukdom under kriget, men om något av dessa dödsfall berodde på ormbett framgår inte av statistiken. Totalt dog drygt 58 000 amerikanska soldater under kriget. En horribel siffra. Hur många vietnameser som dog under kriget finns det inga exakta siffror på. Enligt ett uttalande av den vietnamesiska regeringen 1995 uppskattar man att 5,2 miljoner, eller var åttonde invånare, hade dödats under kriget. En för mig ogripbar siffra. Vad kan vara värt över 5 miljoner människoliv? I de vietnamesiska siffrorna finns dessutom en stor andel civilbefolkning.

Krig är fruktansvärt, men historien upprepar sig om och om igen. Törst efter pengar och makt får förr eller senare någon att starta ett nytt krig.

Foto: Pixabay. Pojkar i dagens Vietnam gör fredstecken.

Trots att ormbett var rätt ovanligt att råka ut för så blev palmhuggormarna ett populärt psykologiskt vapen. Oavsett om det var ett biologiskt vapen eller enbart propaganda så hade det viss effekt. Nu var det inte just palmhuggormsarten *Trimeresurus albolabris* som var så omtalad utan det var palmhuggormsarter generellt (släktet *Trimeresurus*). Amerikanska soldater gjorde ingen skillnad på en *albolabris*, en *macrops* eller en någon annan av de små gröna palmhuggormarna och det gjorde inte vietnameserna heller.

Vad som är sant och vad som är vandringssägner går naturligtvis inte att veta men att det fanns en rädsla för Vietnams giftormar hos många amerikanska soldater som stred i en främmande djungel får nog anses vara sant. Antagligen var det så att rädslan för ett giftormsbett var ett större hinder för amerikanska soldater än de faktiska giftormsbetten. Tanken på att råka ut för en "two stepper" bromsade och hindrade amerikanska soldater som var tvungna att ta sig fram i Vietnams djungel och landsbygd i viss utsträckning, men att faktiskt råka ut för en av de omtalade fällorna med palmhuggormar var nog ytterst ovanligt. Fenomenet är något omtalat, både under och efter kriget, men de flesta historier är återberättelser där man berättar vad man hört talas om. För mig påminner det mer om en vandringssägen än berättande om verkliga händelser. Min gissning är att den största effekten detta biologiska vapen hade var den psykologiska. Det var en sägen som skapade rädsla hos fotsoldaterna som var tvungna att ta sig fram i Vietnams djungel och landsbygd.

Foto: Wikimedia commons, fotograf Signal Corps photographer.

På bilden ser ni tunnelråttan Sgt. Ronald H. Payne med ficklampa och pistol. Bild tagen i Vietnam 1967.

Tunnlarna grävdes ursprungligen som gömställen för frihetskampen mot kolonialmakten Frankrike, i det som kallas Indokinakriget (år 1946–1954). Under Vietnamkriget lagade man tunnlarna och grävde nya. De 48 kilometer tunnlar som fanns från det franska kolonialkrigets tid blev till 200 kilometer tunnlar under amerikanernas tid i landet. Tunnlarna användes av FNL huvudsakligen som gömställen i samband med strider, vapengömmor, logi för de stridande, sjukstugor och som kommunikations- och försörjningsleder. Idag är det ett populärt resmål för turister. Tunnlarna var anpassade för vietnameserna och därmed trånga för de flesta amerikanska soldaterna. De tunnlar som idag besöks av turister är ofta anpassade så att vi västerlänningar får plats.

Foto: Wikimedia commons, fotograf Signal Corps photographer. På bilden ser ni "tunnelråttan" Sgt. Ronald H. Payne med ficklampa och pistol. Bild tagen i Vietnams tunnlar 1967.

Tunnelråttor kallades de amerikanska soldater vars uppgift var att genomsöka det vietnamesiska tunnelsystemet och leta efter "Viet Cong". Tunnlarna användes ofta av vietnamesiska soldater som ett sätt att dyka upp från ingenstans, där in- och utgångar var dolda och vietnameserna kunde överraska soldater som ovetandes vistades ovanför eller nära en tunnel. Se bild på föregående sida, på en hittad tunnel med blottad ingång. Det låter som en väldigt spännande historia. Livsfarliga fällor med tokfarliga giftormar, långt in i den okända asiatiska djungeln. Men det är nog inte mycket mer än en skröna. Jag hittar fakta på att soldater blev ormbitna, men inget som stödjer att en fiende iscensatt någon form av fälla för att det ska hända. Men det har kanske hänt någonstans, någon gång? Allt som händer i ett krig dokumenteras ju inte in i minsta detalj.

"Asked our flight surgeon if there was any truth to this 2 step bamboo viper thing. He said let me put it this way. If one bit you right now, all I could do is watch you die."

Jag gissar att man, som så ofta annars i ormarnas värld, hittar skrönornas ursprung i rädsla och okunskap. Flera veteraners berättelser visar på okunskap om ormar och deras beteende. En soldat hade fångat en liten monokelkobra, *Naja kaouthia*, och hade denna som någon form av husdjur ett tag. Han var medveten om att en ung kobra är lika giftig som en vuxen, men han berättar att de små kobrorna hade sina tänder "inbäddade" och var tvungna att tugga in giftet. Därför gick det att klappa den, men inte för mycket. Ett påstående man naturligtvis ska ta med en rejäl nypa salt, ingen kobra behöver tugga in sitt gift.

En del återberättelser känns mera sansade, som dessa:

"I was crew chief flying Dustoff (a medical evacuation chopper)," wrote Neal Caspersen of Pensacola, Fla. "I picked up three in a year bit by the little green vipers; all were alive when we dropped them off. One was a Vietnamese girl about 7ish.

"When we loaded her someone handed me a Styrofoam coffee cup; in it was the dead little green viper, the color was striking and it was so small."

Det finns några rapporter om att amerikanska soldater var rädda för ormar under Vietnamkriget, men denna rädsla var inte utbredd eller universell. Många soldater stötte på giftormar när de tjänstgjorde i Vietnam och det är möjligt att vissa utvecklade en rädsla för dem som ett resultat av detta, särskilt om de blev bitna eller bevittnade att andra soldater blev bitna. Ormrädsla varierar från person till person och kan ha berott på en mängd olika faktorer, såsom tidigare erfarenheter av ormar eller personliga fobier. Ryktesspridning om ormar i djungeln och fällor med ormar kan ha spätt på rädslan hos vissa. Även om det är möjligt att en del soldater kan ha varit rädda för ormar,

eller utvecklat en rädsla efter att ha stött på dem i djungeln, var rädsla för ormar förmodligen inte ett stort bekymmer för de flesta soldater som kämpade i en redan mycket utmanande och farlig miljö. Förutom den fysiska faran som ormar utgör, kan soldater också ha upplevt psykisk ångest på grund av den obekanta och fientliga miljön i krigszonen. Sammantaget var rädslan för ormar bland amerikanska soldater under Vietnamkriget troligen en relativt liten fråga i konfliktens bredare sammanhang, men läser man i forum idag så lever myterna om livsfarliga ormar och fällor med ormar kvar, snart 50 år efter krigets slut.
Vi sätter punkt där. Det blev ett hyfsat långt kapitel om något som kanske aldrig har hänt. Men en spännande historia ändå och palmhuggormarna spelade sin roll som psykologiskt vapen oavsett. Självklart fanns risken att stöta på ormar i tunnlarna då ormar ju gärna söker trygghet under markytan och ibland även svalka om det är riktigt varmt. Jag har själv stött på en ogiftig *Elaphe taeniura ridleyi* (Ridley's beauty snake) drygt 100 meter in i en grotta utanför Hua Hin.
Hos vissa amerikanska soldater skapade de små gröna ormarna en fruktan som säkert kan ha varit ett hinder eller ha varit bromsande ibland, så långt kan vi vara säkra. De små gröna ormarna verkar ha varit fruktade hos vissa och diskussioner jag läst på nätet under arbetet med detta kapitel vittnar om att palmhuggormarna närmast har blivit mytomspunna.
Inlägget som jag refererar till i början av detta kapitel är idag raderat. Jag gjorde några försök att starta upp nya diskussioner om ämnet. I vissa forum raderades mina försök, oklart varför. I andra forum fick inlägget ligga kvar, men svaren jag fick var inte helt relevanta och ingen berättade om egna erfarenheter med gröna ormar i fällor eller i tunnlar. Man bekräftade att ryktet var sant, men återberättade det man hört talas om att andra råkat ut för. Legenden lever vidare.

4. Turism i Sydostasien

Att resa är ett underbart nöje, oavsett om du söker avkoppling eller vill upptäcka världen. Jag själv reser gärna till Sydostasien så ofta plånboken tillåter. Numera är jag en mera medveten turist än jag tidigare har varit och många med mig har börjat tänka på hur man spenderar sina pengar när man är på semester. Fler och fler blir medvetna om att vi med vår turism och vår västerländska köpkraft har stor påverkan på turistindustrin och miljön, särskilt på populära turistorter. Som djurvänlig turist bör du ställa krav och påverka turistbranschens syn på djur. Det du säger och gör kan få viss effekt för djuren men hur du spenderar semesterkassan kan få väldigt stor effekt för djuren. Utbudet av varor och tjänster på ett resmål styrs av efterfrågan och som turist bör du använda din konsumentmakt till att göra skillnad.

Det kan du göra genom att:
*Inte köpa souvenirer som är gjorda av djurdelar.
*Undvika underhållning och transporter som använder sig av djur.
*Undvika upplägg där du får kramas, hålla i eller fotograferas med ett djur.
*Undvika djurparker eller liknande med undermålig djurhållning.

Ibland är det kanske svårt att avgöra vad som är bra eller dåligt, särskilt om man kanske inte råkar ha ett större intresse för djur och natur. För att göra det enkelt för dig, är du osäker på om det är okej eller inte, välj att avstå. Hade det verkligen varit okej hade du säkert inte tvivlat. Ibland kan det säkert vara svårt att avstå. Det är en "once in a lifetime". Det känns kanske väldigt spännande med farliga djur, gulligt med söta tigerungar

eller fantastiskt med en elefant som kan måla en tavla. Men välj ändå att avstå! Ditt semesterminne på 45 minuter och dina häftiga semesterbilder sker på djurens bekostnad. Både på de djurs bekostnad som ingick i underhållningen och på de djurs bekostnad som kommer att ingå i underhållningen i framtiden när dagens djur är utslitna och förbrukade.
Alla är vi medvetna om debatten kring Europas cirkusar och djuren som farit illa där tidigare. Alla förfasas vi när vi ser reklam för djurrättsorganisationer på tv som visar klipp på björnar i alldeles för små burar eller djur som pryglas för att brytas ner och bli användbara till underhållning.

En del glömmer tyvärr denna medvetenhet när man är långt hemifrån. Fortfarande ser man ibland på sociala medier någon som glatt poserar med en fastkedjad och sönderdrogad tiger eller någon som glatt rider på en elefantrygg. I stadens trängsel utanför nattklubbarna dyker det upp någon med en leguan, en apa eller en pytonorm och man betalar för att få ta en spännande selfie att visa upp för de där hemma. Jag har själv bidragit till detta tidigare så jag kastar sten i glashus, men idag skulle jag inte drömma om att sponsra denna form av turistattraktion.
Glädjande är att det inte bara är jag som fått ett uppvaknande utan fler och fler väljer att ta avstånd från dessa turistattraktioner. Man vill helt enkelt inte längre ha en bild med den där drogade tigern. Tyvärr har denna medvetenhet inte nått hela vägen fram till ormshowerna. De kan ha olika namn, men oavsett om det kallas "Snake show", "Cobra show" eller "King cobra show" så är det lika oetiskt som den dansande björnen på gamla tiders cirkusar. Min högst ovetenskapliga tro är att det är lättare att känna empati för den där lilla fastkedjade apan eller tigerungen som folk köar till för att få klappa. Googlar du fenomenet oetisk djurturism hittar du många artiklar om varför du inte ska bidra till att elefanter,

tigrar, rovfåglar och apor far illa, men du hittar inte mycket text som tar upp reptilernas förhållanden i turistindustrin.
Man ser samma fenomen hemma i Sverige. Villaägare kan fortfarande utan att skämmas hacka sönder en huggorm eller en snok som besöker tomten, man ser ibland till och med folk som tar bilder och visar upp dödade ormar som en trofé på sociala medier. Samma människor skulle aldrig få för sig att göra detsamma med päls- eller fjäderbärande smådjur som kommer på besök. Naturligtvis är bägge delar helt orimligt för även om vi inte tycker djuren är söta har vi inte rätten att döda dem.

Just palmhuggormar används rätt sällan i ormshower. Antagligen finns det två anledningar till att palmhuggormarna ofta slipper. Dels för att det är rätt små ormar, det är helt enkelt svårt för en publik att se den där lilla gröna ormen. Dels för att en vanlig turist inte har en aning om vad det är för orm som ligger där framme och känner sig hotad. Det är helt enkelt mera spektakulärt med en ikonisk kobra som visar sin sköld och alla vet ju hur farlig en kobra är.
De gånger man ser en palmhuggorm i dessa sammanhang är när de visas upp för publiken, upplyft på en ormkrok eller en pinne. Under någon form av pausunderhållning går man kanske ett varv och visar den gröna ormen för den sittande publiken.

Naturligtvis är det vildfångade djur och ifall de inte överlever så länge i fångenskap kan man alltid leta upp en ny orm.
Ormar fångas in från den närliggande naturen, djurhållningen är rätt ofta undermålig och direkt livsavkortande för djuren
De flesta arter som används i dessa shower är livskraftiga, men det spelar ju ingen roll för just de individer som ingår i underhållningen. De djur som turisterna väljer att låta sig underhållas av lever under hög stress i en miljö som oftast inte tar hänsyn till ormens bästa.

Foto: Rickard Ljunggren. Bild tagen i Phuket för många år sedan, innan jag själv hade förståndet att låta bli att besöka ormshower. Här en monokelkobra på kobrashow i Thailand. Utöver att djuren far illa är säkerheten ofta undermålig för oss människor. Olyckor händer, även med dödlig utgång. Oftast är det "artisten" som får ett bett.

Souvenirer som är gjorda utav djur eller djurdelar ska du inte köpa. Den främsta anledningen är enligt mig inte att det är olagligt att ta in dessa souvenirer i Sverige. Jag anser att främsta anledningen är att djuren skördas (skövlas) i naturen för att bli en spännande prydnadssak i någons bokhylla. Oftast ska det föreställa en kobra i flaskan, men variationer förekommer. En studie från 2009 visade att ungefär10% av flaskorna verkligen innehöll en kobra, men närmre hälften innehöll arten Yellow-spotted keelback (svenskt artnamn saknas), *Fowlea flavipunctata.* Yellow-spotted keelback är inte en kobra utan det är en helt ofarlig snokart som får sätta livet till. Kanske inte helt orimligt att man hellre fångar ofarliga snokar än skygga och giftiga kobror. Man spänner ut snokens kropp med ståltråd eller liknande för att skapa ett kobraliknande utseende och får därmed turister till att öppna plånboken. De gånger jag sett flaskor med "kobror" i till salu i Thailand har det oftast handlat om keelbacken. Köp en flaska Singha istället så har du inte bidragit till utarmning av naturen. Palmhuggormar i sprit förekommer, men det är rätt ovanligt.

Foto: Rickard Ljunggren. Tyvärr fotograferade jag genom apotekets skyltfönster, därav den dåliga kvalitén. Bild tagen med mobiltelefon 2011 i Guangzhou i södra Kina. Flaska med naturmedicin, fylld med ormar och ödlor. Folktro är inte lätt att ändra på men vårt sätt att turista borde vara lätt att förändra.

Det är lätt att sätta sig på höga hästar och tycka att vi västerlänningar är upplysta för sådan undermålig djurunderhållning har vi minsann inte hemma i Sverige. Det är ju sant, men man ska inte glömma att vi har valet att låta bli. Vår goda ekonomi ger oss valmöjligheter som inte finns i alla länder. Innan man kliver upp på den höga hästen ska man fundera på vilka det är som betalar för underhållningen? Är det vi eller thailändarna som går på "King Cobra show"? Lägg semesterkassan på annat, så kommer de som jobbar inom turism arbeta med vettigare saker än att behandla ormar illa. Hyr en vildmarksguide! Ett äventyr för livet och en lisa för själen. Naturen är full av palmhuggormar och att få se en palmhuggorm i dess naturliga habitat är fantastiskt!

5. Palmhuggorm

Trimeresurus albolabris (tidigare Cryptelytrops albolabris)

På engelska kallas palmhuggormen för White-lipped pit viper, Green tree pit viper, White-lipped pit viper, White-lipped tree viper, White-lipped green pit viper, White-lipped bamboo pit viper, Trimeresurus albolabris, White-lipped pit viper, White-lipped tree viper.

Många olika namn på engelska, men i Sverige har vi nöjt oss med att kalla arten för palmhuggorm. Namnet på svenska är inte helt lämpligt om du frågar mig, eftersom släktet Trimeresurus på svenska heter palmhuggormar. Det blir lite rörigt, men som du läste på sidan 9 så gör vi ibland så här i Sverige. Lite fantasilöst och lite upplagt för missförstånd enligt mig.

På thailändska heter arten งูเขียวหางไหม้ท้องเหลือง, uttalas *ngu khieow hang mai thong lueang*. Det namnet får du nog öva lite på skulle jag tro.

Status

Trimeresurus albolabris har senast bedömts för IUCNs lista (The International Union for Conservation of Nature) över hotade arter den 1 september 2011. Arten ansågs då vara livskraftig och är sedan dess listad som LC (least concern), vilket översatt till svenska blir "livskraftig". Det är en term som används vid bedömning av arters bevarandestatus, det vill säga vid bedömning av hur hotade de är. Till kategorin livskraftig förs arter vilka inte bedöms stå inför större hot inom en nära framtid. Dessa arter tas av den orsaken inte upp som rödlistade.

Habitat

Arten *Trimeresurus albolabris* har ett stort utbredningsområde och du hittar den i följande länder: Burma; Kambodja; södra Kina; Hong Kong; Indonesien (där avskilda populationer lever på södra Sumatra och på västra Java.); Laos; Malaysia (halvön Malaysia); Thailand och Vietnam. Det är inte en art som migrerar (flyttar) efter säsong som exempelvis vissa populationer av vår svenska huggorm gör.

Palmhuggormen kan anpassa sig till en mängd olika habitat och du kan hitta arten både i tät skog och i storstäder som Bangkok. De förekommer i många olika miljöer, framför allt på lägre höjder (ungefär 400 meter över havet eller lägre) och arten trivs både i skog och buskmark men man brukar räkna med att palmhuggormen förekommer upp till 1200 meters höjd över havet. Förutom i naturen så kan du hitta palmhuggorm i åkermark, på plantager, längs vägkanter, mellan öppna odlingsfält, nära vattendrag och i parker och trädgårdar.

Ska du själv leta palmhuggorm i naturen så brukar regnperioder, då både rovdjur och bytesdjur har en högre aktivitet, ge lite bättre utdelning. Särskilt vanlig i lågkuperade områden med buskage och gräsmarker och i kanter av odlad åker. Arten är sällsynt i tät skog och du hittar nog ingen i mangroveträsk och liknande. Palmhuggormar är nattaktiva och föredrar att undvika höga dagstemperaturer. Du kan hitta palmhuggorm när som helst på dygnet, men de blir vanligtvis mer aktiva när mörkret faller på. Dessutom är de lättare att upptäcka med en ficklampa i mörkret eftersom den gröna kroppsfärgen reflekteras bra av en ficklampas sken. Dagtid smälter de väl in i den gröna naturen. Arten kallas trädlevande, men rätt ofta hittar du den på en meters höjd eller lägre och du kan även hitta palmhuggorm på marken. Ett bra ställe att börja leta på är nära vattenvägar med lite tät vegetation. Så fort det börjar bli fuktigare verkar chanserna för lyckad "jakt" öka.

Foto: Rickard Ljunggren. En palmhuggormshona fotograferad i pannlampans sken. Bild tagen med mobiltelefon, det regnade den natten och kameran mådde inte så bra. Bilden är suddig men demonstrerar väl hur palmhuggormen bättre än trädens blad reflekterar lampans sken.

Foto: Jonathan Hagström (med min mobiltelefon, därav den tråkiga bildkvalitén). En liten palmhuggorm vi hittade en natt på en regnig landsväg.

Beskrivning

Precis som andra ormar så är det solitära djur, förutom under parning, och de lever ett liv utan socialt behov eller önskan om närhet till andra. Jag väljer därför att hålla mina par i separata terrarium, förutom under parning. Dessutom är det smidigare att bara ha en giftorm att hålla reda på när jag öppnar terrariet.

Honorna blir väldigt mycket större än hanarna, de blir både längre och framförallt mycket grövre. Man brukar säga att honor blir upp till 80cm och hanar upp till 60cm, enstaka honor kan närma sig 100cm men det är ovanligt. Svanslängden för hanar är upp till 12cm och för honor ytterligare 1cm.

Palmhuggormarna är naturligt vackert gröna och min upplevelse är att hanarna har en lite klarare grön färg än honorna. Sidan på huvudet under ögonen är gul, vit eller ljusgrön och mycket ljusare än resten av huvudet.

Foto: Rickard Ljunggren. Vuxen hona med en kropp som är mycket fylligare än vad hanarnas är.

Magen är grön, gulaktig eller vit. Hanarna har en tunn vit rand längs sidan på kroppen. Svansen hos en palmhuggorm är alltid rödbrun. Albinos är klart gula, men den rödbruna svansen har kvar sin färg. (se sidan 47).

Foto: Rickard Ljunggren. En vuxen hane med tydlig ljus rand längs sidan av kroppen.

Foto: Rickard Ljunggren. En vuxen hane, med den spensliga kroppen som hanar har. Jämför med honans kropp på föregående sida.

Foto: Rickard Ljunggren. En vuxen hona (med ett skadat och dött öga). Få djur kan se så sura ut som en palmhuggorm. På bilden ser ni också de typiska näsgroparna som palmhuggormarna har. På svenska kallar vi underfamiljen som palmhuggormen tillhör för näsgropsormar, mera känt är det engelska namnet "pit viper". Samtliga näsgropsormar har dessa typiska näsgropar.

Näsgropsormarna utmärks av att det ovala eller trekantiga huvudet är försett med två djupa gropar, belägna mellan näsöppningarna och ögonen.

Dessa gropar är de yttre öppningarna till ett par extremt känsliga organ som detekterar infrarött ljus. Detta ger näsgropsormarna vad man kan kalla ett sjätte sinne som hjälper dem att se och hitta och kanske till och med bedöma storleken på eventuella byten eller faror. Näsgroparna fungerar lika bra på natten som dagen, de är helt oberoende av dagsljus. Groporganet har en komplex struktur och liknar de termoreceptiva gropar som finns hos boor och pytonormar. Hos boa och pyton ser du dessa gropar som en rad små gropar på överläppen. På sidan 35 syns palmhuggormens näsgropar väl på bilden på honan.

Det innanför liggande membranet är som en trumhinna som delar upp gropen i två sektioner av olika storlek, där den största av de två är vänd framåt och exponerad ut mot miljön som ormen befinner sig i. De två sektionerna är sammankopplade via en smal kanal som kan öppnas eller stängas av en grupp omgivande muskler.
Att ha ett av dessa organ på vardera sidan av huvudet ger en stereoeffekt som indikerar avstånd såväl som riktning. När ett byte kommer inom räckhåll tillåter infraröd strålning som faller på membranet ormen att bestämma bytets riktning och de parade groporganen förser ormen med en termisk avståndsmätare. Experiment har visat att om näsgropsormar berövas sitt syn- och luktsinne kan dessa ormar ändå hugga exakt mot rörliga föremål som är mindre än 0,2 °C varmare än omgivningen.

Uppenbarligen är dessa organ av stort värde för ett rovdjur som jagar på natten och även viktiga som hjälp till att undvika ormens egna rovdjur. Ormarnas värmekänsliga näsgropar tros även hjälpa dem att hitta svalare områden där de kan vila.

Palmhuggormen har, precis som andra huggormar, rätt långa huggtänder i förhållande till sin storlek. Och precis som andra huggormar fäller palmhuggormen fram sina huggtänder när de ska användas. Huggtänderna används även till att hjälpa till när byten ska sväljas. Palmhuggormen fäller fram en tand i taget, tar tag i bytet och när den sedan fäller tillbaka tanden så dras bytet in en bit i munnen.

Giftet rinner inuti huggtanden i en sluten kanal, som i en kanyl. Huggormars huggtänder har den mest effektiva giftleveransen bland ryggradsdjur och har varit i fokus för vetenskapliga intressen i mer än 200 år.

Två olika hypoteser till hur palmhuggormens ihåliga gifttänder bildas har föreslagits:

Mainstream-hypotesen hävdar att den giftledande kanalen utvecklas genom invaginering av epitelväggen hos den utvecklande tandgrodden. Sidorna av denna invagination kommer i kontakt och smälter till slut samman för att bilda den slutna kanalen. Enkelt förklarat kan man säga att tanden viks inåt på en punkt och sidorna på denna invikning får kontakt och växer ihop.

Den andra hypotesen, känd som "tegelskorstenen", hävdar att den giftledande kanalen utvecklas direkt genom successiv dentinavsättning när tanden utvecklas. Tanden är alltså uppbyggd från spetsen till basen, utan någon vikning av tandytan. Enkelt förklarat kan man säga att en del av tandbenet försvinner och lämnar ett hål efter sig inuti tanden.

I ett försök att kasta ytterligare ljus över detta ämne följdes den tidiga utvecklingen av huggtänderna hos en *Trimeresurus albolabris*. Studier visar att kanalen verkligen bildas av en tidig veckningshändelse, som är ett resultat av en invagination. Mainstream-hypotesen visade sig stämma.

En palmhuggorm är rätt matt i fjällen. Precis så som vår svenska huggorm, *Vipera berus*, är. Och precis som hos *Vipera berus* så är palmhuggormens fjäll på huvudet många och små. Huvudfjällen är snarlika varandra, svagt överlappande, släta eller svagt kölade. Kölade fjäll har en ås i mitten som syns som ett streck i varje fjäll. Denna ås gör dem grova vid beröring.

Foto: Rickard Ljunggren. En palmhuggorms kölade fjäll.

Längs munöppningen i överkäken har palmhuggormen 10–11 supralabiala fjäll, det första är delvis eller helt sammansmält med näsan. Termen labial kommer från *labium*, latin för "läpp". De supraokulära fjällen som sitter omedelbart ovanför ögat är smala, ibland förstorade och odelade. Storleken och formen på dessa fjäll är bland de många egenskaper som används för att skilja arter från varandra.

På kroppen har palmhuggormen ofta 21 rader kölade ryggfjäll, något fler eller färre kan förekomma. Hos ormar är ryggfjällen den längsgående serien av plattor som omger kroppen, men som inte inkluderar de ventrala fjällen (magfjällen). Dessa magfjäll är 155–166 hos hanar och 152–176 hos honor. Hos ormar är de ventrala fjällen de förstorade och tvärgående långsträckta fjällen som sträcker sig ner på kroppens undersida från halsen ner till analfjällen. På undersidan av svansen sitter fjällen i par, 60–72 par hos hanar och 49-66 par hos honor.

I Sydostasien händer det att den rödsvansade kycklingsnoken (*Gonyosoma oxycephalum*) förväxlas med palmhuggormarna, men precis som vår svenska snok så är kycklingsnoken mycket blankare i fjällen och har en snoks kroppsform. Färgmässigt är dock ormarna lika varandra då kycklingsnoken också är grön med en rödbrun svans.

Hot

Kontakt med människor slutar inte alltid väl för palmhuggormen. Eftersom det är en giftorm är det inte helt ovanligt att människan ser ett behov av att döda det djur man ser som ett potentiellt hot. Detta är förmodligen inte tillräckligt för att orsaka populationsminskningar hos denna vanliga huggorm. Det är osannolikt att denna art påverkas av några andra betydande hot i dess utbredningsområde eftersom den lätt anpassar sig till modifierade livsmiljöer.

Foto: Rickard Ljunggren. En nyligen dödad palmhuggorm i Huay Yang, Thailand. Min vänsterfot som storleksreferens.

Kör man runt på landsbygden i Sydostasien brukar man stöta på överkörda ormar rätt ofta. När jag skriver dessa rader sommaren 2023 befinner vi oss i Huay Yang som ligger drygt en timme söder om Hua Hin. Här ser jag överkörda ormar, platta som frimärken, nästan varje dag när jag är ute och kör.

Foto: Rickard Ljunggren. En överkörd juvenil monokelkobra, *Naja kaouthia.* Även denne bild är tagen i Huay Yang, Thailand.

Palmhuggormar fångas in, särskilt i Vietnam, för användning i mat och traditionell medicin (ormvin). Om det är just arten albolabris som används är inte säkert, man skiljer inte alltid på de olika gröna huggormarna. Men eftersom palmhuggormen på många håll är vanligt förekommande utgör den nog en betydande del av denna handel.
Ormar anses på flera håll i Sydostasien ha medicinska egenskaper och ofta anses mirakeldrycker och liknande ha bättre effekt om de baseras på giftiga ormar. Exempelvis tror en del att man kan förbättra potensen genom att dricka blodet eller äta ett rått hjärta från en kobra. Det finns även sprit som anses bättra på potensen, ofta med testiklar från olika djur som ingrediens. Jag har själv tagit en shot kinesisk sprit kryddad med malda ödletestiklar för många år sedan. Inte för att jag väntade mig någon effekt, men för att jag var nyfiken på hur illa det smakade.
I Vietnam anser vissa att ormvin kan förbättra hälsa och virilitet. Ormvinet dricks för att bota allt från impotens till ofrivilligt håravfall.

I södra Vietnam fångas palmhuggormen även in eftersom embryon av palmhuggorm äts. Kultur och tradition kan ibland få människor att äta udda saker, särskilt om det man äter tillskrivs någon form av hälsobefrämjande effekt.

I Thailand förekommer palmhuggormen i djurhandeln och det är inte helt ovanligt att i Europa se palmhuggormar till salu med lokalitet "Thailand". Jag har även sett vietnamesisk och kambodjansk lokalitet, men upplever att jag oftare läser att palmhuggormen som är till salu har ett thailändskt ursprung.

Dessa exempel kan var och en för sig utgöra ett lokalt hot men arten är förmodligen inte föremål för överexploatering. Mer om hot kan du läsa i kapitel 4, som handlar om dig som turist och hur du bör bete dig på semestern.

6. Palmhuggorm i terrarium

För många är palmhuggormen den första giftormen man skaffar. Det är giftormar i behändig storlek, de är inte så snabba i förflyttning och inte lika giftiga som exempelvis elapider (giftsnokar) är. Dessutom är det en art som är rätt vanligt förekommande i hobbyn, priserna är humana och det finns andra som redan har arten att rådfråga.

Det finns gott om folk i hobbyn som brinner för trädlevande huggormar och som är specialiserade på dem och de kommer antagligen att hålla med om att en albolabris är en bra art av trädlevande huggorm att börja med om man vill ha giftormar. Anledningen till att de lämpar sig så bra som nybörjarhuggormar är att de är generellt tåligare än många andra arter och tål temperatur- och fuktighetsförändringar bättre än de flesta andra trädlevande arter.

Jag värnar om hobbyn och jag tycker att en del har allt för bråttom med att skaffa giftorm. Att ha giftormar är en hobby som ifrågasätts av många och en del tycker att det borde vara förbjudet för privatpersoner att ha giftormar i hemmet. Varje gång någon blir biten eller en orm är på rymmen tar diskussionerna ny fart. Ta det lugnt och var rädd om dina fingrar!

Foto: Rickard Ljunggren. Dörren till mitt giftormsrum.

Trimeresurus albolabris är en art som kräver en tropisk miljö i sitt terrarium. Du behöver använda hela terrariets höjd då det är en trädlevande art som vill ha massor av grenar att klättra på och en högre plats att ligga på. Försök att inreda så att det finns en gren i högre höjd både under värmelampan och en bit ifrån den.

Foto: Rickard Ljunggren. En vuxen palmhuggormshane som ligger tryggt i bladverkets skugga.

Som bottensubstrat använder jag ett tjockt lager naturtorv med ett lager löv på toppen då detta hjälper till att hålla luftfuktigheten hög och fungerar bra att plantera i. Torven köper jag i blomsterhandeln i säckar på 40 liter. Billigare än de substrat du kan köpa i zoo-affärer eller på reptilmässor. Löven plockar jag varje höst och förvarar i papperskassar. Jag använder gärna löv från blåregn till tropiska terrarium då jag gillar utseendet på dessa och de håller länge innan de förmultnar. Vad du använder är en smaksak, plocka det du får tag på.

Foto: Rickard Ljunggren. Juvenil hane som bevakar mig när jag kommer och stör för att ta en bild.

Självklart ska du använda levande växter och ha gärna rikligt med grönska! Växterna skapar gömslen och trygghet, det ser snyggt ut och dessutom skvallrar växterna om det börjar bli torrt i terrariet. Jag använder nästan alltid gullranka som komplement till andra växter i mina burkar. När bladen inte längre pekar uppåt är det dags att hälla en kanna vatten i bottensubstratet och därmed höja fuktigheten i terrariet. Gullranka, skvallerreva och monstera är exempel på billiga och lättskötta växter som klarar miljön i ett terrarium väl. För dig som har lite grönare fingrar finns det gott om tropiska växter att köpa på reptilmässor och liknande.

Foto: Rickard Ljunggren, tyvärr en något suddig bild tagen med min mobil. En malayan pit viper, *Calloselasma rhodostoma*, hittad på en trafikerad landsväg en sen kväll i utkanten av staden Hua Hin, infångad och efter en kortare mopedfärd i min ryggsäck utsläppt i skogen utanför staden samma kväll. Som ni ser så är det rikligt med grönska i Asiens skogar så snåla inte med växtlighet. Ingen palmhuggorm känner sig trygg om du inreder som om du designade en golfbana.

Foto: Rickard Ljunggren. En hane som gömmer sig i terrariets grönska.

Eftersom det trots allt är giftiga ormar rekommenderar jag dig att inreda så att ormen finner gömslen men att du likaväl alltid kan se var ormen befinner sig. För mig känns det tryggt att alltid hitta ormen i terrariet när jag går min "rond" i giftormsrummet. Även om jag inte behöver öppna för att göra något i terrariet så är det alltid trevligt att få bekräftat att ormen är där den ska vara och ser ut att må bra.

Man brukar säga att man inte ska bita den hand som föder en, men det är ett ordspråk som nog inte nått palmhuggormarna. Är du oförsiktig kommer du förr eller senare att bli biten.

Det är rätt defensiva djur som kan göra upprepade utfall om de känner sig hotade. De kan även ringla sig uppför en ormkrok så det gäller att alltid vara vaksam vid hantering.

Foto: Rickard Ljunggren.

Märk alltid dina terrarier med varningsskyltar! Vid ett bett ska det vara enkelt att rycka loss informationsskylten och ta med sig när man söker vård.

Självklart ska du alltid använda ormkrok vid hantering och ha lås på ett terrarium med giftormar!

I övrigt innehåller denna bok inga tips eller råd om generell giftormshantering. Vill du lära dig detta är inte bokläsning det bästa sättet. Därför tänker jag inte skriva några goda råd om vad man ska tänka på om man väljer att skaffa en giftorm.

Foto: Rickard Ljunggren.

Den kunskapen och erfarenheten som man bör ha för att på ett någorlunda säkert sätt kunna hantera potentiellt livsfarliga ormar i hemmet kan du inte skaffa dig genom att läsa min bok om palmhuggormen.

Det kan vara bra att ha en mentor eller gå på giftormskurser för att få lära sig det man behöver för att kunna hantera och sköta en giftorm på ett säkert och korrekt sätt. Här kan jag göra reklam för hobbyns föreningar, där hittar du seriösa människor med stor erfarenhet och mycket kunskap om både ogiftiga och giftiga ormar.

Sveriges Herpetologiska Riksförenings logga, en *Bitis nasicornis.*

Föreningarna anordnar fältexkursioner, sociala träffar, föreläsningar, gemensamma resor till reptilmässor och liknande. Kontakta din lokalavdelning för att ta reda på vad just de gör! Föreningen gör dessutom ett viktigt påverkansarbete och jobbar för vår hobbys bästa när lagändringar och regelverk riskerar att påverka vår hobby. Utöver att du stöttar föreningen och därigenom den egna hobbyn får du riksföreningens medlemstidning ”Snoken”. Stöter du på problem med din orm finns det alltid föreningsmedlemmar som kan hjälpa dig. Oavsett vad ditt problem är så är du garanterat inte den första som haft det.

Foto: Dennis Sjöberg. En albino Trimeresurus albolabris, en hona. Notera att svansens rödbruna färg är oförändrad. Albinism förekommer även i naturen, men där är ormarna mera utsatta då kamouflaget är satt ur spel.

Foto: Rickard Ljunggren. Palmhuggormar som parar sig. Förutom under parning så har mina palmhuggormar alltid separata boenden. Hanar kan bli lite svåra med maten om de delar boende med en hona. (Honan här har ett öga som är dött efter en gammal skada.)

Terrariet

Hur stort boende behöver du till din palmhuggorm? Minimikrav hittar du i L80, Jordbruksverkets föreskrifter och allmänna råd om hållande, uppfödning och försäljning av sällskapsdjur. Titta under trädlevande ormar och se måtten som absoluta minimimått. Istället är "ju större desto bättre" ett bra motto! Ett väl tilltaget och välinrett terrarium är en prydnad och skapar möjligheter för ormen att söka sig till det mikroklimat som är optimalt för stunden. Se till att inreda så att du använder hela terrariets höjd och se även till att fylla terrariet med inredning. Ingen orm vill bo i en tom lägenhet med en massa onödig takhöjd!

Foto: Rickard Ljunggren. Terrarium till en av mina palmhuggormshonor. Sedan bilden togs har den nyplanterade gullrankan tagit fart och det har nästan blivit en liten djungel i burken. Skvallerrevan växer som ogräs och får klippas rätt ofta! Marken är täckt med flera gömställen, ifall hon väljer att spendera sin tid där.

Luftfuktighet

Palmhuggormen lever i Sydostasien och kräver ett tropiskt klimat i terrariet. Luftfuktigheten bör ligga på 65–80%. Behöver du ofta spraya vatten i terrariet för att hålla fuktigheten uppe är mitt förslag att du ser över ormens boende. Som jag skrev i början av detta kapitel så har jag ett tjockt lager bottensubstrat, levande växter och mycket inredning då detta hjälper till att hålla fuktigheten uppe. Jag har ofta en decimeter torv i botten som ständigt hålls fuktig. Ventilation är bra, men har du för mycket ventilation blir miljön i terrariet för torr. Om du istället minskar för mycket på ventilationen kan det fuktiga klimatet skapa problem med mögel i terrariet. Överdriv inte sprayandet i terrariet, ormen behöver inte bo i ett ständigt återkommande duggregn.
Under öms kan man dock spraya lite extra eller se till så att bottensubstratet håller en högre fuktighet för att underlätta ömsningen för ormen. Dessutom är det skönt för dig att slippa pilla bort rester av öms från en palmhuggorm som inte uppskattar ditt umgänge.

En stor vattenskål hjälper till med luftfuktigheten och ger ormen möjlighet att bada om den skulle vilja det. Det är däremot något som jag aldrig har observerat någon palmhuggorm göra.

Värme

27–29 °C på dagen får anses vara en optimal temperatur. Självklart ska du ha värmelampan placerad så att det finns både en varmare och en kallare zon i terrariet. Om din palmhuggorm alltid ligger på marken i terrariet behöver du antagligen sänka värmen och lättast gör du detta genom att sätta dimmer till värmelampan eller skaffa en svagare lampa.

När lampan släcks på kvällen blir det en naturlig nattsänkning. Ha dock koll på temperaturen så att det inte hinner bli för kallt innan morgonen kommer, 25–26 °C är lagom på natten. I värsta fall får du ha en värmematta som stödvärme, fastän det torkar upp bottensubstratet en del. För mig är nattsänkningen enkel då jag har ett giftormsrum med en högre temperatur än vad vi har i resten av huset.

Diet

Palmhuggormens kost inkluderar små gnagare, ödlor, fåglar och grodor. I jakt på byten ligger palmhuggormen ofta på en gren med fokus på marken nedanför i väntan på att ett bytesdjur ska ha oturen att passera för nära. Ser du denna position hos din orm brukar kommande matning vara lyckad. Har du en hane och en hona i samma terrarium kan det hända att hanen krånglar med maten eller helt slutar äta. Är din palmhuggorm för liten för att svälja en hel pinkie kan du ge den ett ben från en vuxen mus eller ett huvud från en pinkie.

Foto: Rickard Ljunggren. Bild tagen i hyfsat nyplanterat terrarium, växtligheten har inte kommit igång riktigt.
Här en hungrig hane som hänger upp och ner i en gren och väntar på att byten ska komma förbi på marken under.

Kommer de ett byte hugger en hungrig palmhuggorm blixtsnabbt. När ett byte väl är fångat kommer palmhuggormen att hålla fast vid det till skillnad från marklevande giftormar som ofta släpper sitt byte och därefter väntar på att det ska ge efter för giftet innan de åter fångar in det. Detta beteende har även andra trädlevande giftormar då det gäller att hålla kvar i bytet så att det inte försvinner ner på marken.

Ett trick jag ofta använder när jag ska mata palmhuggormar är att tina maten i varmt vatten. Ta det varmaste du kan få från kranen (ca 60 °C), men inte vatten du värmer upp. Maten ska ju fortfarande vara rå.
Mata vid en tidpunkt på dygnet som överensstämmer med ormens naturliga dygnsrytm. Jag matar alltid mina palmhuggormar på kvällen men nattetid går lika bra. Håll bytet framför ormens ansikte eller stryk med bytet lätt längs munnen på ormen. Du kan även testa att röra ormens svans med bytet då det ibland kan få ormen att hugga.
Någon av mina palmhuggormar föredrar att jag på kvällen lägger en mus på en gren och på morgonen efter så är musen borta.

Du kommer snart fram till vad som passar just din eller dina palmhuggormar.

Framförallt hanar kan vara lite svårare att lyckas med. Det kan ibland bli flera defensiva hugg innan palmhuggormshanen bestämmer sig för att hålla fast bytet. Juveniler av bägge kön kan ibland reagera likadant ifall de ser tången och musen som ett hot istället för att se musen som mat.

Att få igång en nervös juvenil kan vara lite tålamodsprövande. Ibland kan det hjälpa om ormen inte ser dig. Jag brukar då gömma mig bakom ett genomskinligt lock till en plastback eller se till att sitta blickstilla. Som värst kan det ta någon halvtimme att få en palmhuggorm att äta de första gångerna men man får se det som en ovanlig form av meditation.

Foto: Rickard Ljunggren. En hona som tagit ett byte. Honan på bilden är äldre än man kan tro. Hon är dvärgväxt och när bilden togs var hon tre år gammal och åt då fortfarande pinkies. Maten fungerar klockrent och hon äter varje gång jag försöker mata, men hon växer dåligt. Min gissning är att hon inte kommer att bli större. En udda palmhuggormshona, men för hennes skull ska jag inte prova att få henne att föda små dvärgpalmhuggormar.

Vatten

Det är inte helt ovanligt att en palmhuggorm inte vill dricka från en vattenskål och särskilt nyfödda palmhuggormar kan ignorera skålen med vatten i terrariet. De dricker då hellre vattendroppar från sin kropp, från grenar och löv i inredningen eller från terrariets glasrutor. Har du palmhuggormar som inte dricker från vattenskål bör du spraya orm och inredning varje dag. Men spraya inte för mycket så att det efter några dagars sprayande blir genomblött i ormens boende. Även om din orm inte vill dricka från vattenskål bör du ändå ha en sådan med färskt vatten i terrariet. Det hjälper till att hålla luftfuktigheten uppe och rätt som det är så upptäcker kanske din palmhuggorm fördelen med att dricka ur skål.

Parning

Hanar kan para sig redan i en ganska liten storlek, medan honorna bara kommer att ge samtycke till att para sig när de är av tillräcklig storlek. Detta kan ta två år eller mer. Parning sker oftast under våra vintermånader och under denna period kan hanarna sluta äta helt under flera månaders tid. Hanen kommer inte att äta igen förrän han fått flytta hem till sitt eget terrarium igen. Någonstans mitt i vintern kan det vara läge att låta hanen flytta in till honan. Gör aldrig tvärtemot, det är hanen som ska leta upp den väntande honan. Är din hane lite trögstartad kan det hjälpa att lägga in ett hyfsat nytt öms från en annan hane i honans terrarium, då kan det lukta lite konkurrens och hanen kanske passar på medan han kan få jobba ostört.
En kull är vanligtvis på 10–15 ungar (inte ägg), men exceptionella kullar på 25–30 ungar har förekommit. Det brukar ta 129–157 dagar från en lyckad koppling tills det börjar ramla ut ungar. Bild på parande palmhuggormar ser du på sidan 48.

Foto: Rickard Ljunggren. Obefruktat ägg från palmhuggorm.

Ålder

I vilt tillstånd blir en palmhuggorm ca 10 år gammal, i bra miljö i terrarium kan den bli äldre än så. För att miljön ska räknas som bra bör du följa artens behov av värme och luftfuktighet, gärna med sänkning av temperatur på natten. Se även till att inte övermata din palmhuggorm. Det är vanligt med tjocka och övermatade ormar i hobbyn och det är inte bra för ormen att vara fet. Särskilt honor kan vara lite väl glada i mat.

7. Gift

Palmhuggormar föredrar att göra utfall istället för att fly och de är snabba att bita om man råkar komma för nära eller rör vid dem. Detta beteende ser man hos rätt många huggormar. Man är inte så rörlig och snabb på att fly och väljer istället att ligga blickstilla med förhoppningen att förbli oupptäckt. När detta misslyckas kan utfall vara det enda alternativet som finns kvar.

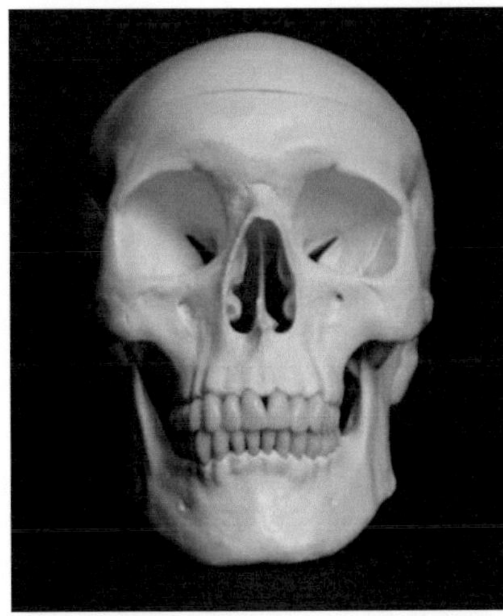

Foto: Anne Nygård

Genomsnittsmängd gift vid bett: 8–15 mg (torrvikt)
Giftets styrka enligt LD50: 12,75 mg/kg SC
Inom toxikologi är median dödlig dos, LD50 (förkortning för "lethal dose", 50%), en toxisk enhet som mäter den dödliga dosen av toxin, strålning eller smittämnen. Värdet på LD50 för ett ämne är den dos som krävs för att döda hälften i en testad population efter en specificerad testlängd.

LD50-siffror används ofta som en allmän indikator på ett ämnes akuta toxicitet. En lägre LD50 indikerar ökad toxicitet. Som jämförelse till palmhuggormen kan nämnas att vit arsenik (som iofs ska intas oralt om man vill bli förgiftad) ligger på 14 mg/kg SC och inlandstaipanens (*Oxyuranus microlepidotus*) gift på 0,025 mg/kg SC.

Giftet från en palmhuggorm är främst hemotoxiskt. Hemotoxiner används av en mängd olika djurarter, inklusive palmhuggormar. Förutom att döda bytet är en del av funktionen hos ett hemotoxiskt gift för vissa djur att hjälpa matsmältningen. Giftet bryter ner protein i området kring bettet, vilket gör bytet lättare att smälta.
Hemotoxiner är toxiner som förstör röda blodkroppar, stör blodets koagulering och/eller orsakar organdegeneration och vävnadsskador kring bettet. Skador från ett hemotoxiskt medel är ofta mycket smärtsamt och kan orsaka permanent skador och i svåra fall dödsfall. Allmän förgiftningshastighet är okänt, men sannolikt hög enligt de som förstår sig på att bedöma sådant.
Processen genom vilken ett hemotoxin orsakar döden är mycket långsammare än för ett neurotoxin som exempelvis elapiderna har (kobror, mambor, etc.). Ormar som förgiftar ett bytesdjur kan behöva spåra bytet när det flyr. Vanligtvis kommer ett byte inom kort att sluta fly på grund av chock orsakad av det giftiga bettet. Fastän bytet fortfarande lever är det inte längre i stånd till att fortsätta fly. Trädlevande huggormar brukar inte behöva leta efter sitt flyende byte då de sällan släpper ett byte efter att ha utdelat ett bett.

Ett bett från denna art kan innebära allt från mild förgiftning till döden i sällsynta fall. Bett från palmhuggorm är inte helt ovanligt i Sydostasien men det finns väldigt få dödsfall rapporterade. Förlust eller begränsad funktion av en påverkad lem är möjlig även med snabb behandling. Mildare symptom efter ett bett kan vara illamående, desorientering och huvudvärk. Dessa symptom kan vara försenade i flera timmar. Hur många som dör av obehandlade bett är okänt men palmhuggormar har bevisligen orsakat dödsfall.

Eventuella effekter av ett bett i detalj:

Lokalt kring bettet kan man räkna med svår smärta, svullnad på grund av ansamling av vätska, blåmärken, blåsor och eventuellt nekros (vävnadsdöd) i ovanligare fall.

Kroppens system kan reagera med illamående, kräkningar, diarré, huvudvärk, yrsel, buksmärtor, rusande hjärta och skenande puls, onormalt lågt blodtryck, kollaps och kramper.

Svåra blödningar och förhöjd koagulering.

Kroppen kan hamna i chocktillstånd på grund av vätskeförlust och vävnadsskada.

Förhöjt antal vita blodkroppar, vilket man kan få på grund av stress och infektion.

Hypokalemi, ett tillstånd av onormalt låga halter av kaliumjoner i blodet. Det är ett allvarligt tillstånd som kräver omedelbar behandling, eftersom många processer i kroppen är beroende av stabila halter av kaliumjoner i blodet.

Hypokalcemi, låga kalciumhalter i blodet. Hypokalcemi ger stickningar och myrkrypningar i kroppen samt tetani, ett krampbenäget tillstånd. Centrala nervsystemet påverkas och hypokalcemiska individer är ofta lätt agiterade och förvirrade.

Myoglobin och blod i urinen. Myoglobin är den viktigaste syrebindande molekylen i muskelvävnad.

Eventuellt sekundära infektioner.

Andra effekter kan eventuellt förekomma och jag har inte tagit med alla detaljvärden gällande vad som händer i blodet, men dessa får räknas som de vanligast förekommande och de som du antagligen märker av mest.

Torrbett kan även förekomma och då slipper du naturligtvis allt ovanstående.

8. Om du blir biten

Utför följande procedur utan dröjsmål:

1. Se till så att ormen är säkrad, antingen i sitt terrarium eller i annan försluten, låst och säker förvaring.

2. Tvätta området runt bettet för att få bort eventuellt gift.

3. Håll dig lugn och ring larmnummer 112. Förse akutvården med fullständigt namn på arten för att säkerställa lämplig behandling.

4. Ring därefter (eller begär att bli omkopplad till) Giftinformationscentralen larmnummer 112 (akut förgiftning). Förse Giftinformationscentralen med fullständigt namn på arten för att säkerställa lämplig behandling.

5. Ta av alla åtsittande kläder eller smycken i väntan på eventuell svullnad.

6. Ta dig till närmaste akutmottagning, lämpligen via ambulans eller omedelbar skjuts. Kör inte själv! Har du skylt på ditt terrarium med artnamn, eller något liknande att ta med, ta detta med dig.

7. Låt området kring bettet vara, sätt inte på tryckförband eller försök att på något vis få ut gift ur kroppen. Du är inte läkare.

8. Om möjligt, försök att hålla den bitna kroppsdelen under hjärthöjd så att giftet inte sprider sig med blodcirkulationen mer än nödvändigt.

9. Tack!

Tack för att du valt att läsa min bok! Hoppas att du finner palmhuggormar lika vackra och fascinerande som jag gör!

Njut av naturen i Asien om du har möjlighet, men gör det med respekt för både naturen och din egen hälsa. Ofta är det bra att vara två eller flera i skog och mark, ifall något händer. Det behöver inte handla om ett livsfarligt ormbett utan en stukad fot kan vara nog så bekymmersam om man är ensam långt ute i skogen. Känner man sig inte helt säker finns det nästan alltid tillgång till lokala guider. Ta bara bilder, lämna bara fotavtryck.

Palmhuggormar är fantastiskt trevliga att hålla i terrarium. Ofta ligger de fullt synliga uppe på en gren med fokus på terrariets botten, ifall det skulle komma ett byte trippandes. Det är dessutom ormar som inte blir så ruskigt stora och långa utan det är ormar i behändigt format som inte heller når hur långt som helst med sina utfall. När jag skriver dessa rader har jag exemplar av palmhuggormsarterna albolabris, insularis, macrops och venustus i mina terrarier. Alla arter är lika fina och det är svårt att välja en favorit!

Tidigare böcker

Möte med orm – Min ormföreläsning i skriven form. Hur ormar fungerar, ormrädsla, våra svenska ormar, vad man kan tänka på om man har problem med orm på villatomten m.m.

Huggorm – Handlar om just huggormen, Vipera berus, och är skriven till den yngre läsaren.

Thailands kobror – En bok om fyra arter av kobra som man kan hitta i Thailand. Hjälper till att identifiera de olika arterna och tar även upp hur du som turist ska bete dig kring ormar. Vänder sig både till den ormintresserade och de som uppskattar att bo eller turista i Thailand.

Snake church – En bok om de församlingar i sydöstra USA som bland annat dansar med skallerormar under sin gudstjänst. Självklart har de aktuella ormarterna också fått varsitt kapitel, ormar har alltid huvudrollen i mina böcker.

Ormar som husdjur – En allmänt skriven bok, till för att ge nyblivna ormägare en bra start på hobbyn. Tips om det mesta, allt från sjukdomar till hur du ska inreda ormens terrarium.

Vem är då jag?

Jag har varit intresserad av ormar sedan jag var liten. Där jag är uppvuxen hade vi nära till skogen och det hände att man fångade en snok eller en kopparorm och tog med hem och hade i trädgården en stund innan den fick flytta ut i skogen igen. Man får naturligtvis inte fånga snok eller kopparorm, det vet jag idag men den kunskapen saknades under uppväxten. Att skaffa orm som husdjur var inte ett valbart alternativ så länge jag bodde hemma så första reptilen blev istället en rödörad vattensköldpadda. Så fort jag flyttat hemifrån skaffade jag mig min första orm och sedan dess har jag antagligen ägt ungefär 200 ormar. Idag har jag drygt 30 ormar i källaren, både arter man vågar klappa och arter som har lite gift i sitt bett. Jag är ibland ute i vår svenska natur och fotograferar huggorm och vi försöker att resa till Sydostasien så ofta plånboken tillåter. Ingenting slår att vandra i Thailand med pannlampa och leta ormar nattetid! Ett spännande äventyr!

Juli månad 2023 sitter jag med korrekturen och försöker få denna bok att innehålla så få fel som möjligt. Jag befinner mig i Thailand och min förhoppning är att hitta en palmhuggorm att glatt posera tillsammans med och ha med bilden i detta avslutande kapitel. Hittills har jag inte lyckats. Jag har några dagar till på mig men det ser ut som att jag får återanvända bilden på mig och en rejäl spottkobra, *Naja siamensis*, från

förra resan. Den honan har redan fått vara med i ett par böcker och börjar bli lite tjatig, men tyvärr har jaktlyckan varit lite dålig denna semester. Det var lite glest med ormletande också om jag ska vara helt ärlig.
Resan avslutades i ett översvämmat Bangkok, min plan på att ge mig ut sista natten i Bangkok grusades av ett vattenstånd på gatorna som tvingade vesporna till att köra på trottoarerna istället. Jag fick stanna på hotellrummet och lyssna på Murray Heads gamla popdänga istället.

Foto: Jenny Ljunggren.

Väl hemma i augusti 2023 fick jag det kloka rådet att ta en selfie med en orm som passar bokens tema. Här ses jag posera med min stora hona hemma i det ena giftormsrummet. Jag råkade installera ett giftormsrum till när jag kom hem efter semestern. Jag har inte skaffat fler giftormar, men jag gillar att vara väl förberedd och jag har alltid tomma och färdiginredda terrarier som väntar på framtida hyresgäster efter avslutad karantän.
Tack ännu en gång för att du valt att läsa min bok! Hoppas att du får uppleva ett möte med dessa spännande djur i naturen eller får möjligheten att hålla palmhuggormar i terrarium!

Med vänlig hälsning Rickard

Licensing [edit]

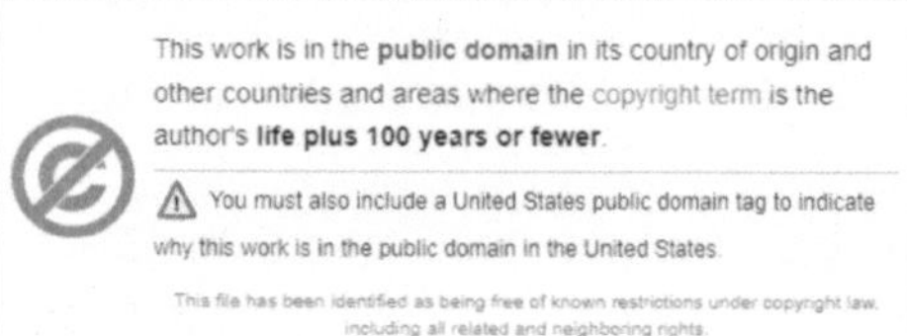

Sid 13
This work is in the public domain in its country of origin and other countries and areas where the copyright term is the author's life plus 100 years or fewer. Dialog-warning.svg You must also include a United States public domain tag to indicate why this work is in the public domain in the United States. This file has been identified as being free of known restrictions under copyright law, including all related and neighboring rights.

Licensing [edit]

This file is a work of a U.S. Army soldier or employee, taken or made as part of that person's official duties. As a work of the U.S. federal government, it is in the ***public domain*** *in the United States.*

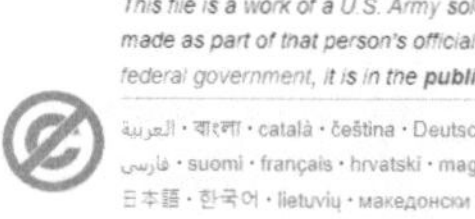

العربية · বাংলা · català · čeština · Deutsch · English · español · eesti · فارسی · suomi · français · hrvatski · magyar · Bahasa Indonesia · italiano · 日本語 · 한국어 · lietuvių · македонски · മലയാളം · မြန်မာဘာသာ · Nederlands · polski · português · русский · sicilianu · српски / srpski · Türkçe · українська · Tiếng Việt · 中文（简体）· 中文（繁體）· +/−

Sid 22. This file is a work of a U.S. Army soldier or employee, taken or made as part of that person's official duties. As a work of the U.S. federal government, it is in the public domain in the United States.

Licensing [edit]

This work is in the **public domain** in the United States because it is a work prepared by an officer or employee of the United States Government as part of that person's official duties under the terms of *Title 17, Chapter 1, Section 105 of the US Code*. **Note: This only applies to original works of the Federal Government and not to the work of any individual U.S. state, territory, commonwealth, county, municipality, or any other subdivision. This template also does not apply to postage stamp designs published by the United States Postal Service since 1978. (See § 313.6(C)(1) of Compendium of U.S. Copyright Office Practices). It also does not apply to certain US coins; see The US Mint Terms of Use.**

This file has been identified as being free of known restrictions under copyright law, including all related and neighboring rights.

Sid 23. This work is in the public domain in the United States because it is a work prepared by an officer or employee of the United States Government as part of that person's official duties under the terms of Title 17, Chapter 1, Section 105 of the US Code. Note: This only applies to original works of the Federal Government and not to the work of any individual U.S. state, territory, commonwealth, county, municipality, or any other subdivision. This template also does not apply to postage stamp designs published by the United States Postal Service since 1978. (See § 313.6(C)(1) of Compendium of U.S. Copyright Office Practices). It also does not apply to certain US coins; see The US Mint Terms of Use. Great Seal of the United States (obverse).svg

This file has been identified as being free of known restrictions under copyright law, including all related and neighboring rights.